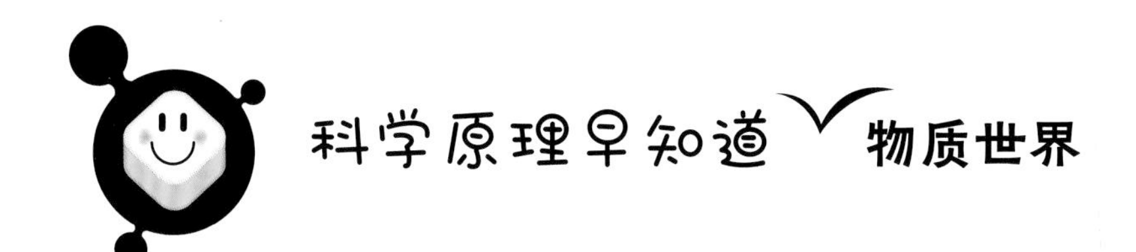

U0226660

溶液颜色变化的秘密

[韩] 柳珍淑 文
[韩] 李尚美 绘
祝嘉雯 译

化学工业出版社
·北京·

小雅今天来到了奶奶家，
院子里开满了漂亮的花朵。
“奶奶，这朵粉红色的花叫什么呀？”
“叫绣球花。”
“可我上次来的时候，它还是蓝色的，怎么变颜色了呀？”
“这个嘛…… 前阵子奶奶想让这些花朵开得再茂盛些，就给它们都施了肥。可这颜色为什么变了，奶奶也不知道哟。等叔叔回来了，你去问问他吧。”
小雅真希望还在学校上课的叔叔能赶紧回来。

绣球花虽然刚绽放时是白色的，但它渐渐地会变成粉色或红色，还有可能会变成蓝色哦。

蓝色的绣球花变成了粉红色。

到了傍晚，

叔叔终于下班回来了，大家聚在一起吃晚饭。

奇怪，米饭怎么被染成紫色了？

“奶奶，米饭怎么是这个颜色啊？”

“因为里面加了泡黑豆的水呀。”

晚饭后，小雅一家坐在一起喝红茶。

放了柠檬片的红茶，

从棕色变成了红色。

“哇，怎么变颜色了？对了，院子里的绣球花也变色了……”

“想知道为什么会变色吗？”

“想！想知道！”

于是小雅决定和叔叔一起去寻找颜色变化的秘密。

柠檬片让原本棕色的红茶变成了红色。

第二天，小雅来到了叔叔所在学校的实验室。
叔叔拿出了事先存放在塑料袋里的白色绣球花，
小雅双手用力挤出花瓣汁液，并将混合了花瓣汁液的溶液分
倒进 3 个杯子。
“我们往这个杯子里加点醋，再往另一个杯子里加点肥皂水吧。
没想到加了醋的溶液变成了蓝色，
加了肥皂水的溶液变成了粉红色。
“哇！难道是因为奶奶用的肥料里有肥皂水？”小雅感到十
惊奇。
肥皂水
醋
什么也没有加，
所以我没有
变色哦！

同样，我们在黑豆水里也加一些醋和肥皂水试试。
快看，加入醋的那一杯变成红色了，
而加入肥皂水的那一杯竟然完全变成黑色了。
“呀，加了醋的黑豆水怎么变成了红色！”
小雅糊涂了。

往绣球花溶液中加入肥皂水就会变成粉红色。

“现在我们用紫甘蓝来做实验吧？”

叔叔把紫甘蓝切成小块放到了水里，加热后变成了紫色的溶液。

这次同样将溶液分别倒入 3 个杯子中，一杯加醋，

一杯加肥皂水。结果加醋的那杯溶液变成了红色，

加肥皂水的那杯溶液变成了绿色。

“颜色又变了耶！”

小雅和叔叔还用红茶做了实验呢。
加醋的红茶变成了红色，
加肥皂水的红茶则变成了深红色。

往红茶里加入醋就会变成红色。

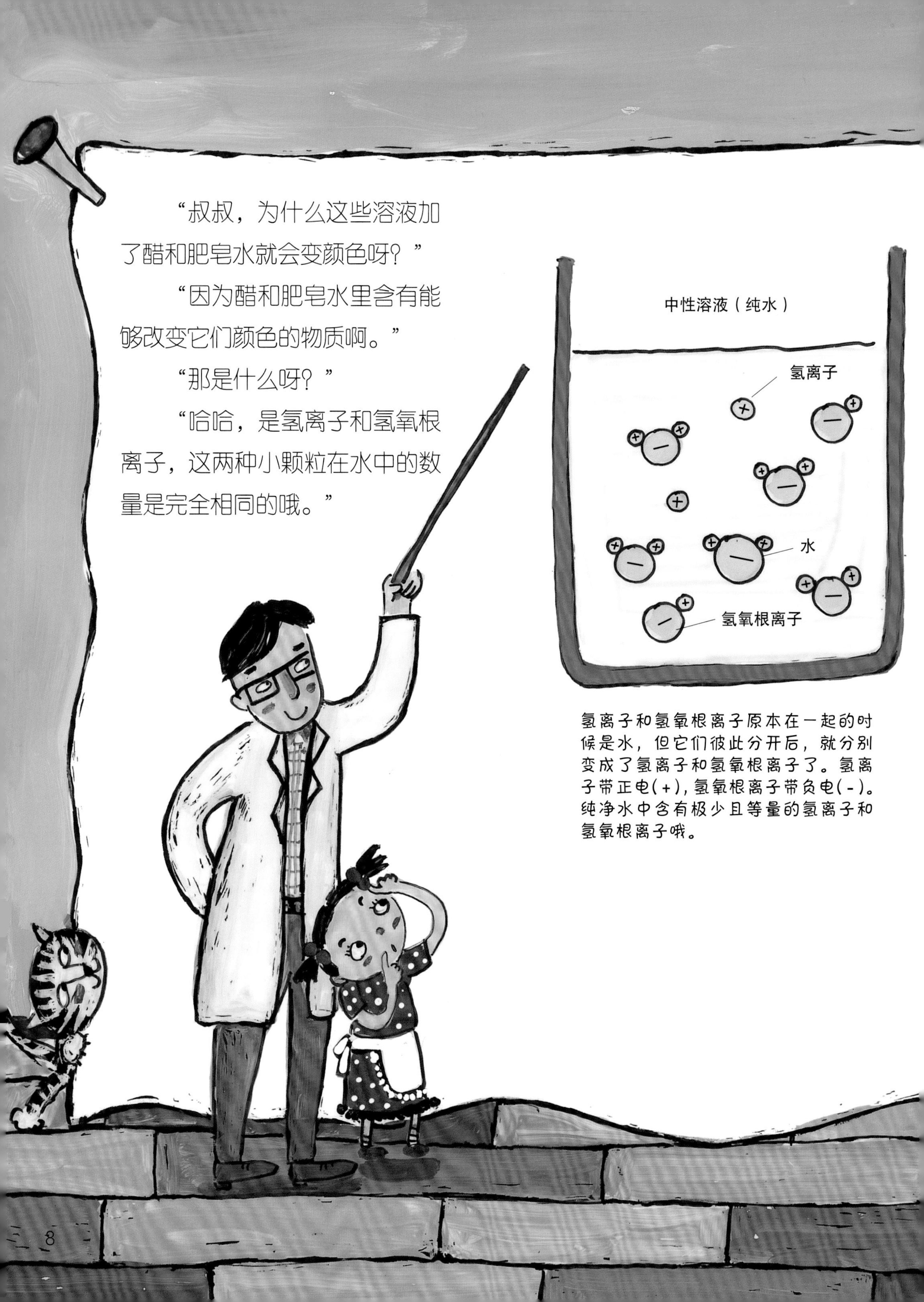

“叔叔，为什么这些溶液加了醋和肥皂水就会变颜色呀？”
“因为醋和肥皂水里含有能够改变它们颜色的物质啊。”
“那是什么呀？”
“哈哈，是氢离子和氢氧根离子，这两种小颗粒在水中的数量是完全相同的哦。”
中性溶液（纯水）
氢离子
水
氢氧根离子
氢离子和氢氧根离子原本在一起的时候是水，但它们彼此分开后，就分别变成了氢离子和氢氧根离子了。氢离子带正电(+)，氢氧根离子带负电(-)。纯净水中含有极少且等量的氢离子和氢氧根离子哦。

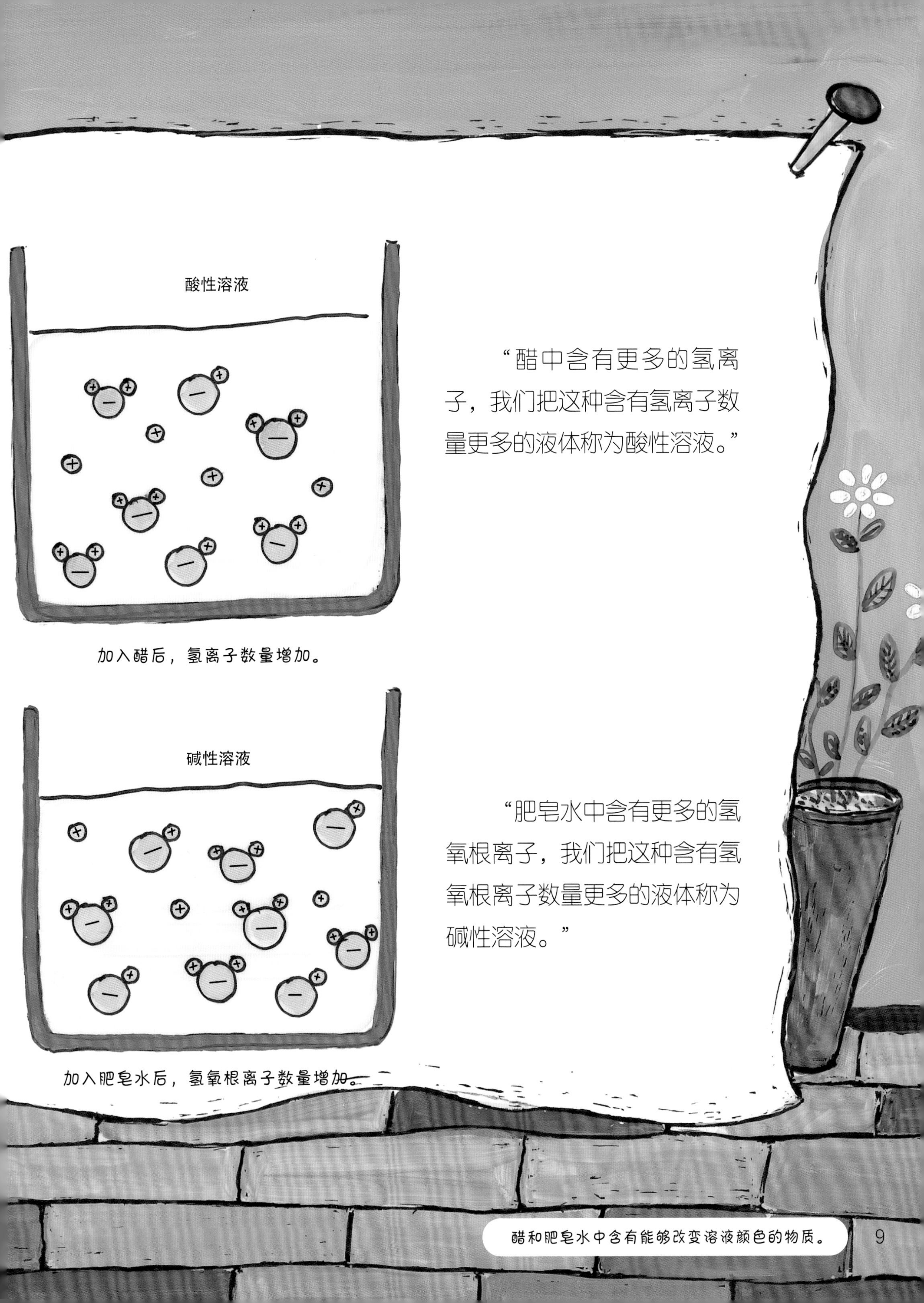

“醋中含有更多的氢离子，我们把这种含有氢离子数量更多的液体称为酸性溶液。”

“肥皂水中含有更多的氢氧根离子，我们把这种含有氢氧根离子数量更多的液体称为碱性溶液。”

醋和肥皂水中含有能够改变溶液颜色的物质。

“那是不是只要加了酸性或碱性物质，溶液就肯定会变色呀？”小雅继续问道。

“不是所有的溶液都会变色哦。因为我们实验用的绣球花、紫甘蓝、红茶和黑豆比较特别，这些溶液里含有显色物质，它们会随着氢离子数量的变化而发生变化，所以才会变色。”

“那就是说利用这种显色物质，我们就可以知道某个溶液里的氢离子数量是在增加还是减少咯？”

“我们小雅可真聪明！”

加入肥皂水后紫甘蓝水从红色的酸性变成了绿色的碱性。

像紫甘蓝水这样能够根据氢离子浓度的不同而改变颜色的物质，我们称之为酸碱指示剂。

我们都是酸碱指示剂哦。

绣球花和红茶都是特殊物质哦，它们遇到醋或肥皂水就会改变自己的颜色。

指示剂的颜色变化

指示剂能够通过颜色的变化来反映出某种物质的酸碱性。
最常用的指示剂就是 pH 试纸，
还有酚酞溶液、甲基橙溶液和溴百里酚蓝溶液。
让我们一起来观察不同指示剂在酸碱及中性环境下的颜色变化吧！

pH 试纸

pH 不同，试纸颜色就会发生变化。我们可以根据颜色确切地知道被检测物质的酸碱性强度。

甲基橙溶液

甲基橙溶液在酸性中呈红色，中性中呈橘黄色，碱性中呈黄色。

中性

橘黄色

碱性

黄色

酸性

红色

用数值来表示酸碱性的强弱

雪碧和醋都是酸性溶液。

这两种溶液哪个酸性更强呢?

溶液中含有氢离子的数量越多，就说明它的酸性越强哦。

pH 是指氢离子浓度指数，即一种表示氢离子浓度的方法。

pH 的范围在 0 ~ 14 之间。数值越小，酸性越强；数值越大，碱性越强。

当数值为 7 时，则为中性。

让我们一起来看看周围常见物质的 pH 吧。

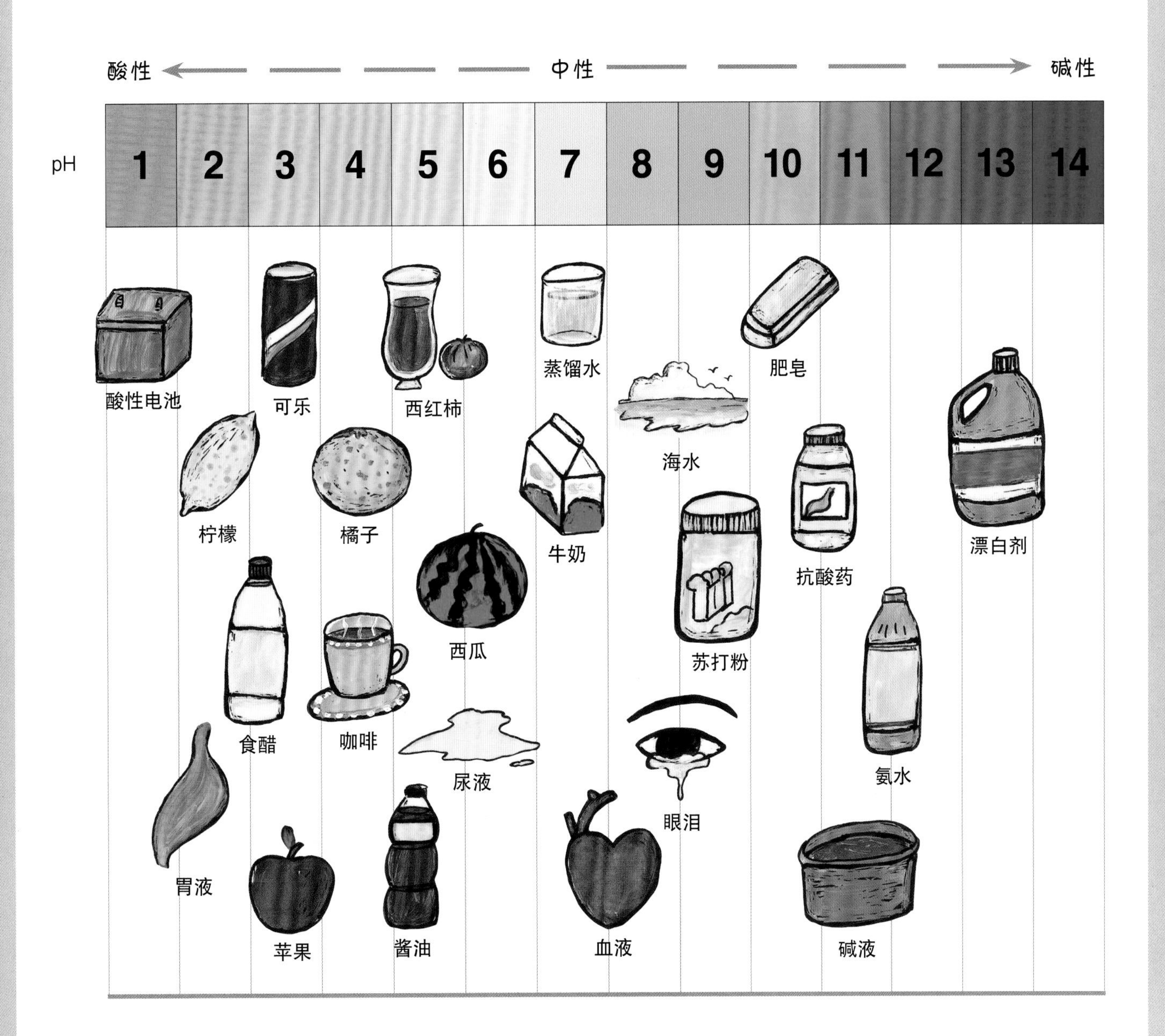

“小雅，我们一起用紫甘蓝水来看看这些溶液的酸碱性吧？”
“好啊！红为酸，绿为碱，红为酸，绿为碱！”
小雅一边哼着小调儿，
一边往不同的溶液中加入了紫甘蓝水。
快看看都变成什么颜色啦？
我是紫甘蓝水
饮用水
雪碧
氨水
苏打水
橙汁

橙汁和雪碧变成了红色，所以
它们是酸性溶液。
氨水和苏打*水变成了绿色，
所以它们是碱性溶液。
但饮用水是紫色的，因
为水既不是酸性也不是
碱性，它是中性溶液。
*苏打是一种碱性食品添加剂，它可以
作为膨松剂加入面团中，这样制作出
来的面包蓬松又柔软。
紫色卷心菜汁液也是一种遇见醋或肥皂水后会变色的特殊物质。

酸和碱的应用

酸的应用

用柠檬汁去除鱼类的腥味。

人们利用二氧化碳气体让碳酸饮料能够“嘭”地涌出气来，二氧化碳溶于水呈酸性。

喝一些含有乳酸的东西来帮助消化。

吃面食的时候加点醋。

碱的应用

当胃酸分泌过多引起胃痛时，服用弱碱性的药物。

洗衣服时，使用碱性肥皂能够去除衣服上的污渍。

被蜜蜂或蚊子叮咬后，为中和毒素的酸性，可以涂一些碱性的药。

由于酸雨导致土地变成酸性土壤时，可以施用熟石灰或生石灰等碱性物质。

溴百里酚蓝溶液

溴百里酚蓝溶液在酸性中呈黄色，中性中呈绿色，碱性中呈蓝色。

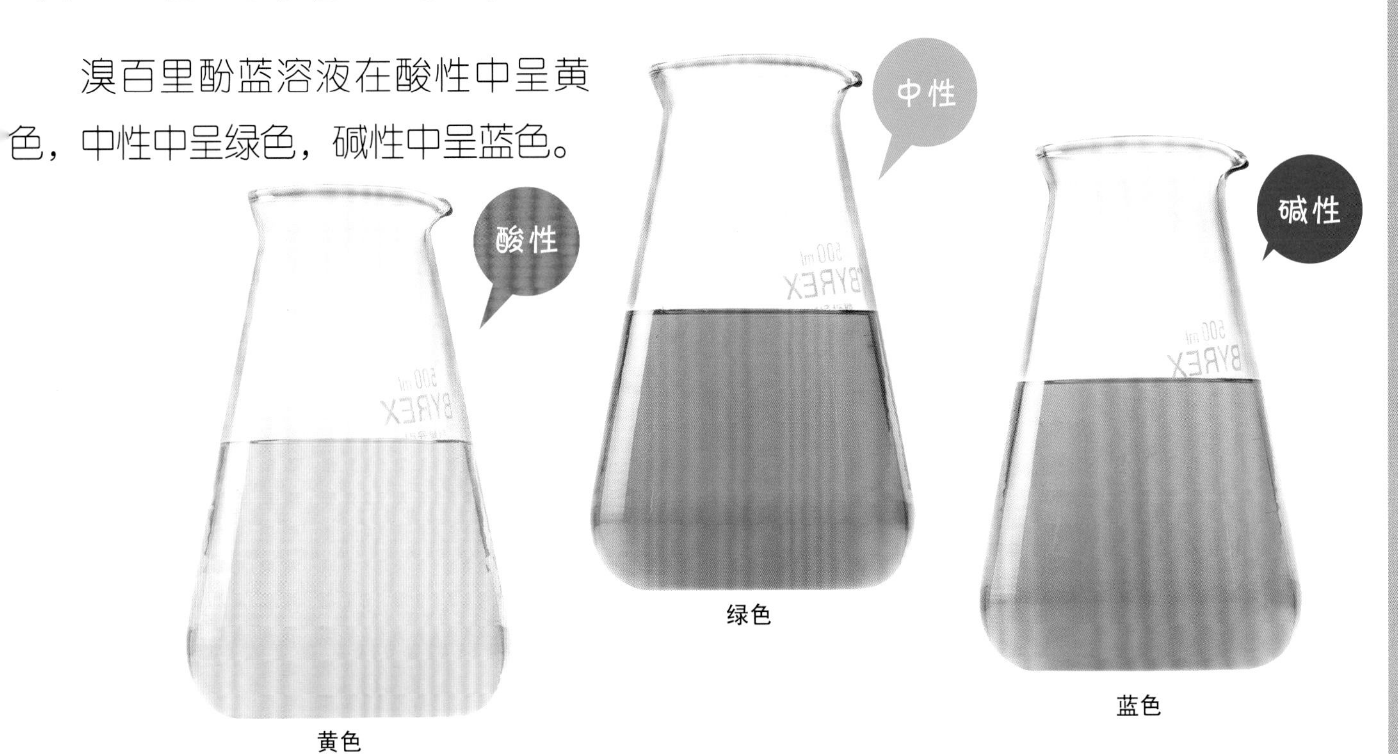

黄色　绿色　蓝色

酚酞溶液

酚酞溶液在酸性和中性溶液中为无色透明,在碱性中为红色。

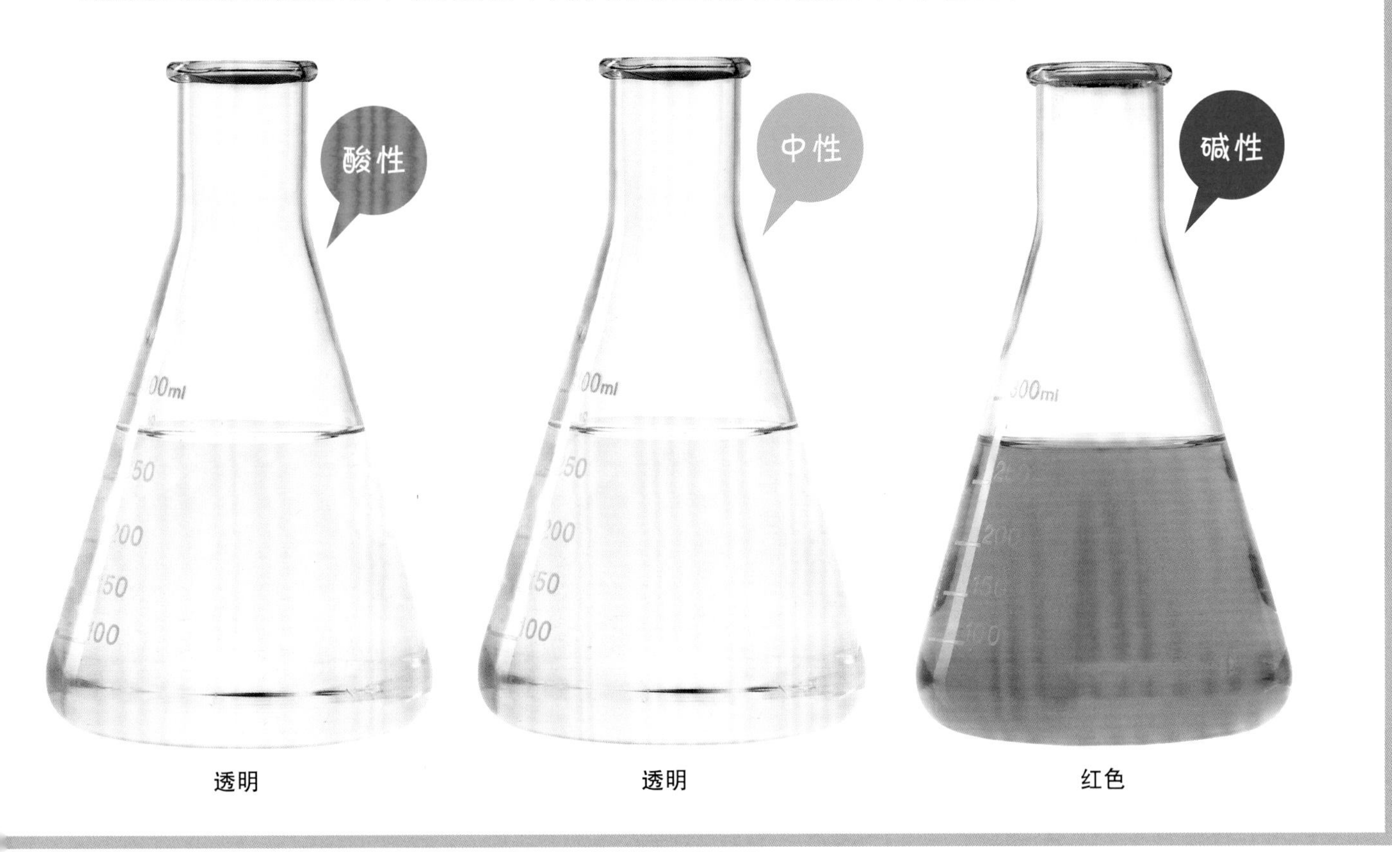

透明　透明　红色

就在这时，一只蚊子飞了过来，
咬了小雅的胳膊。
“啊，好痒啊，有蚊子咬我。”
“刚好，用这里的稀氨水*涂一涂。”
“呃，味道好难闻哦。”

*氨水有强烈刺激性气味，一定要用稀
氨水才可以涂于皮肤。

不一会儿，被蚊子叮咬的地方，竟然真的不痒了。

“叔叔，为什么涂了稀氨水就不痒了呀？”

“蜜蜂或昆虫的唾液中含有毒素，毒素的主要成分呈酸性，所以当我们涂抹碱性的稀氨水时，毒素中的氢离子和稀氨水中的氢氧根离子就会结合在一起变成水了。这样一来就不痒了呀。”

将稀氨水涂抹在蚊虫叮咬处，待毒素变成水后，就不会痒啦。

“叔叔，如果把酸性溶液和碱性溶液混合在一起会怎样呀？”

“那它就既不是酸性也不是碱性溶液了，这种溶液我们称之为中性溶液。水就是最具代表性的中性溶液了。这次我们来试试混合醋和肥皂水吧？”

小雅在含有紫甘蓝水的肥皂水中缓缓加入了含有紫甘蓝水的食醋。

绿色溶液又变回紫色了。

“看，这就说明它变成中性溶液了。往这里面继续添加含有紫甘蓝水的食醋的话，它就会变成酸性溶液，显现出红色。”

“酸性溶液和碱性溶液相遇会产生热量，因此我们能感觉到溶液变热哦。”

蚊子的毒素，还有醋都是酸性的；而氨水和肥皂水是碱性的。酸碱相遇就会变成像水一样的中性物质。

“叔叔，我们的身体是酸性还是碱性的呀？”

“我们的身体既不是酸性也不是碱性，它是中性的。”

“为什么是中性的呀？”

“我们的身体越接近中性，就越是健康。要是它变成酸性或碱性，那我们可就要生病了。

所以我们身体里的细胞们一直在为我们的身体能够维持在中性而努力哟。”

当我们的身体像水一样呈中性的时候，是最最健康的。

咕噜噜~

“哎呀，已经到午饭时间了。想吃什么呀？”

“嗯，汉堡和可乐，还有小零食的话，想吃巧克力。”

“我们小雅原来喜欢吃酸性食物呀。”

“酸性食物？”

“面食、肉类，还有甜点都是酸性食物，吃多了的话，会把我们的身体变成酸性的。那可就不健康咯。”

“那……我还是吃点别的吧。”

酸性食物与碱性食物

酸性食物有面食、猪肉、鸡蛋和白砂糖等。碱性食物有豆类、西红柿、橘子、牛奶、蔬菜和萝卜等。

像汉堡、可乐这些酸性食物，要是吃多了的话，身体就会变成酸性，对我们的健康有害哦。

小雅和叔叔一起回家后，
当天晚上下了一整夜的雨。
第二天，小雅来到院子后大吃一惊。
“叔叔，粉红色的绣球花又变成白色的啦。”
“因为下了很多的雨，碱性物质都被雨水冲刷掉了。”
“所以就变成了中性，对不对？”
“哈哈！看来我们小雅已经完全知道颜色变化的秘密了呀。”
小雅和叔叔看着绣球花，不禁感叹大自然的神奇。

白色绣球花含有一种特殊的物质，能够让它遇酸变成蓝色，遇碱变成粉红色。

通过实验与观察了解更多

制作Q弹果冻指示剂

怎样才能知道溶液是碱性还是酸性的呢?
一起来试试通过Q弹果冻指示剂颜色的变化，来辨别溶液的酸碱性吧。

实验材料　紫甘蓝、几个烧杯、三脚架、酒精灯、琼脂粉 *、冰格、各种性质不同的溶液。

实验方法

<制作果冻指示剂>

1. 取3~4片紫甘蓝叶放入烧杯，倒入足够量的水，浸没紫甘蓝叶后进行加热。
2. 当溶液变成紫色时，取出紫甘蓝叶，慢慢加入琼脂粉，加热的同时不断搅拌溶液。
3. 待琼脂粉完全溶解，溶液变黏稠时，停止加热。
4. 将溶液倒入冰格中，冷却后就是Q弹的果冻指示剂啦。

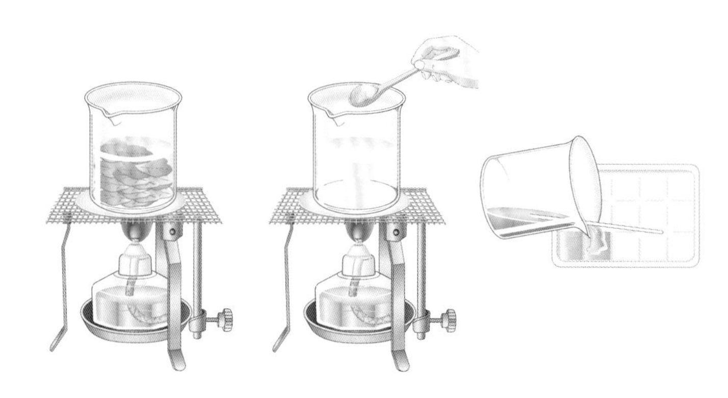

<检测溶液的酸碱性>

1. 取各种溶液分别倒入烧杯中，然后取出冰格中的果冻指示剂。

※ 被检测的溶液是透明或相对较淡的颜色的话，更有利于我们观察果冻指示剂的颜色变化哦。

2. 向每个装有溶液的烧杯中放入一个果冻指示剂，观察其颜色变化。
3. 果冻指示剂变色后，将颜色相近的溶液分为一类。

实验结果

为什么会这样呢?

紫甘蓝水在中性时为紫色，酸性时为红色，碱性时则为绿色。醋稀释液、雪碧和啤酒等酸性溶液让紫甘蓝制成的果冻指示剂变成了红色；而氨水、肥皂水和苏打水等碱性溶液会让果冻指示剂变成绿色。

* 琼脂粉：将石花菜煮至全部溶解，待冷却凝固后就可以制作琼脂粉了。琼脂粉多被用于制作糕点、面包。

我还想知道更多

问题 被蜜蜂蜇伤后，涂抹稀氨水的最佳时机是？

如果不小心被蜜蜂蜇伤，可以在被蜇咬处涂抹稀氨水。这是因为蜜蜂的唾液是酸性的，涂抹碱性溶液能中和其毒性。

但如果是特殊体质或是被马蜂蜇伤的话，就要另当别论了。体质特殊的人，即使蜜蜂蜇咬释放出的毒素含量极少，他们的身体也会做出强烈的过敏反应，随时处于危急状态。因此，首先应该清楚自己对蜜蜂蜇咬或药物是否有异常反应。另外，与蜜蜂的唾液不同，马蜂的唾液为碱性。因此，要中和它的毒性的话，就不能用稀氨水，而需要用柠檬汁或醋等来中和了。

问题 有没有能去除鱼类腥味的方法？

鱼类营养丰富，味道鲜美，但它难闻的腥味总是让人望而却步。我们可以运用酸碱中和的原理来去除腥味。由于散发出这种鱼腥味的物质是碱性的，因此我们可以淋上一些柠檬汁或其他酸性调料进行中和，这样不仅能够减少鱼腥味，还能让其味道更加鲜美。还有，在厨房里烹制鱼时，用醋稀释液来清洗处理过鱼的刀和砧板，会比单纯地用清水冲洗的除味效果更好哦。

问题 碳酸饮料的正确喝法是？

碳酸饮料是酸性液体。经常喝这种饮料，会增加牙齿接触酸性溶液的时间，那么牙齿就容易在酸性环境中逐渐溶解受损，从而引起蛀牙等各种牙齿疾病。少喝碳酸饮料就会大大减少这些疾病的发生哦。但如果真的很想喝的话，可以使用吸管以减少牙齿与碳酸饮料的接触预防牙齿疾病。当然啦，进食完以后立即刷牙是保护牙齿的最好方法。

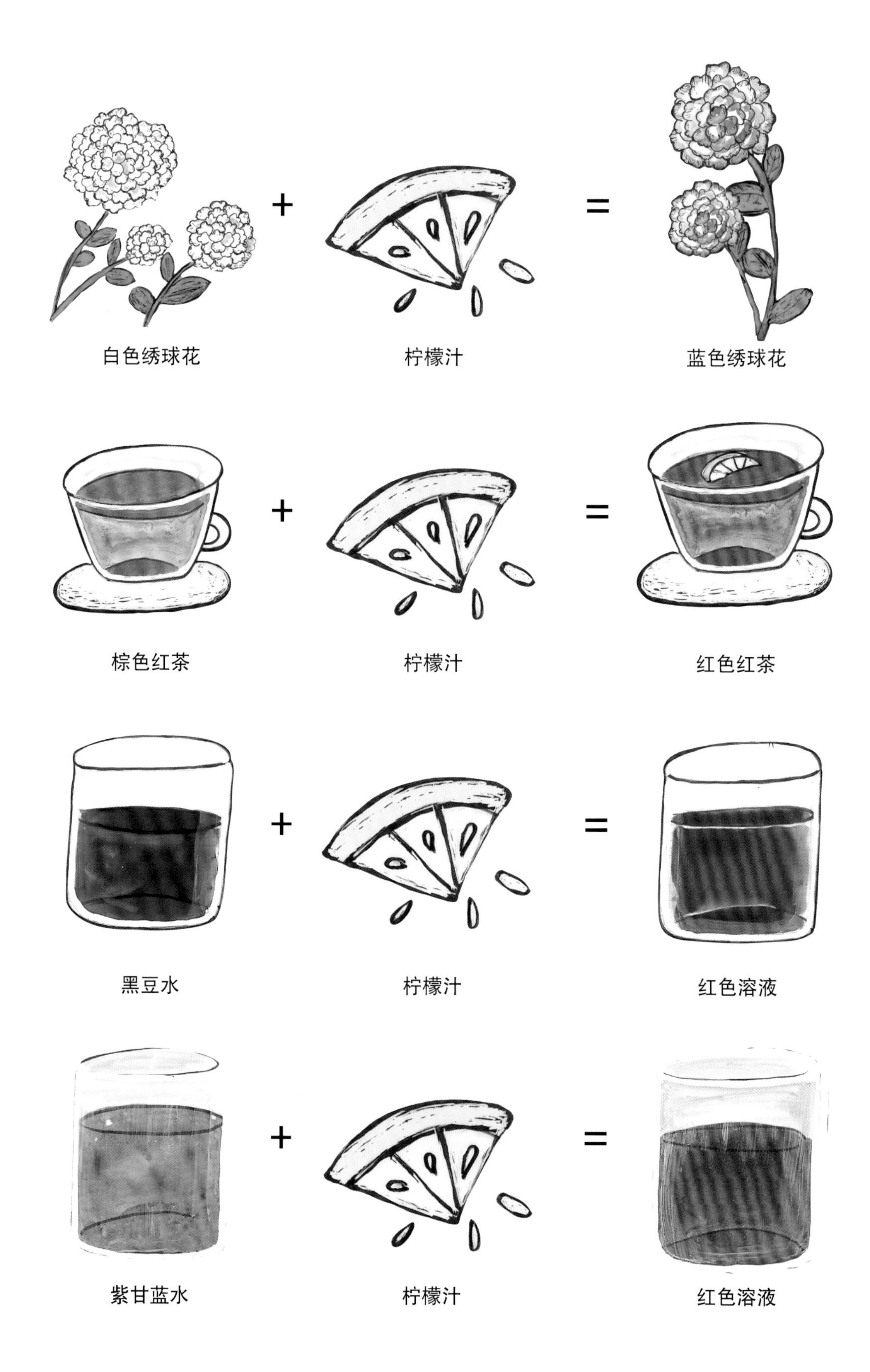
+
=
白色绣球花
柠檬汁
蓝色绣球花
+
=
棕色红茶
柠檬汁
红色红茶
+
=
黑豆水
柠檬汁
红色溶液
+
=
紫甘蓝水
柠檬汁
红色溶液

酸的应用

酸的应用

碱的应用

碱的应用

科学话题

能够杀死细菌的胃酸

我们每天吃的食物，无论洗得有多干净，都会有细菌和微生物的残留。但吃了这些食物也没有生病的原因是我们的胃会分泌胃酸，它是一种从胃里分泌出来的具有极强腐蚀性的酸性溶液。胃酸能够消灭掉我们吃进去的食物中残留的细菌和微生物。大多数微生物和病菌在遇到胃酸时就会被完全溶解掉。

如果胃酸这么强大，那我们的胃不会被它溶解掉吗？别担心，我们的胃壁上有一种特殊物质，能够保护我们的胃不被胃酸溶解，所以无需担忧这个问题。当然啦，也还是会有一小部分细胞被胃酸腐蚀，不过我们身体每分钟就会有 50 万个新细胞在胃壁上诞生，因此即使被溶解掉一点也不会有什么大问题的。

但如果每天暴饮暴食不能维持身体健康的话，胃就会出现问题了。当我们发现胃时常疼痛难忍时，就是胃酸开始侵蚀我们的胃了。出现这种情况，我们就只能服用能够中和胃酸酸性的药物了。这种药物被称为抗酸药，它含有碱性物质氢氧化铝，能够中和我们胃里的强酸。

这个一定要知道！

阅读题目，给正确的选项打√。

1 紫甘蓝水中加入醋后会变成什么颜色？

□紫色
□红色
□绿色
□白色

2 食醋中哪种离子的数量更多？

□氢氧根离子
□氢离子

3 被蜜蜂和蚊虫叮咬后，可以涂抹下列哪一种物质？

□食醋
□雪碧
□稀氨水
□水

4 请选出下列选项中的酸性物质：

□胃液
□眼泪
□唾液
□可乐

1.红色/2.氢离子/3.稀氨水/4.胃液，可乐

科学原理早知道 物质世界

力与能量	物质世界	我们的身体	自然与环境
《啪！掉下来了》	《溶液颜色变化的秘密》	《宝宝的诞生》	《留住这片森林》
《嗖！太快了》	《混合物的秘密》	《结实的骨骼与肌肉》	《清新空气快回来》
《游乐场动起来》	《世界上最小的颗粒》	《心脏，怦怦怦》	《守护清清河流》
《被吸住了！》	《物体会变身》	《食物的旅行》	《有机食品真好吃》
《工具是个大力士》	《氧气，全是因为你呀》	《我们身体的总指挥——大脑》	
《神奇的光》			

推荐人 朴承载 教授（首尔大学荣誉教授，教育与人力资源开发部 科学教育审议委员）
作为本书推荐人的朴承载教授，是韩国科学教育界的泰斗级人物，他创立了韩国科学教育学院，任职韩国科学教育组织联合会会长；还担任韩国科学文化基金会主席研究委员、国际物理教育委员会（IUPAP-ICPE）委员、科学文化教育研究所所长等职务，是韩国儿童科学教育界的领军人物。

推荐人 大卫·汉克（Dr. David E. Hanke）教授（英国剑桥大学 教授）
大卫·汉克教授作为本书推荐人，在国际上被公认为是分子生物学领域的权威，并且是将生物、化学等基础科学提升至一个全新水平的科学家。近期积极参与了多个科学教育项目，如科学人才培养计划《科学进校园》等，并提出《科学原理早知道》的理论框架。

编审 李元根 博士（剑桥大学 理学博士 韩国科学传播研究所 所长）
李元根博士将科学与社会文化艺术相结合，开创了新型科学教育的先河。
参加过《好奇心天国》《李文世的科学园》《卡卡的奇妙科学世界》《电视科学频道》等节目的摄制活动，并在科技专栏连载过《李元根的科学咖啡馆》等文章。成立了首个科学剧团并参与了“LG科学馆”以及“首尔科学馆”的驻场演出。此外，还以儿童及一线教师为对象开展了“用魔法玩转科学实验”的教育活动。

文字 柳珍淑
首尔教育大学毕业后，继续就读于首尔大学研究生院化学教育系，现担任首尔水色小学的一线教师。十分关注儿童科学教育，积极参与小学教师联合组织“小学科学守护者”以及“韩国趣味科学发明研究会”的各项活动，目前致力于研究能够让孩子们沉浸其中的科学活动。

插图 李尚美
韩国出版美术协会会员，目前是一名插画家。想要以大自然和儿童为主题创作出温暖且富有生趣的作品。代表作品有《谁住在我家？》《波浪是我的朋友》和《我们历史的第一步》1、2卷等。

색깔이 변하는 용액의 비밀
Copyright © 2007 Wonderland Publishing Co.
All rights reserved.
Original Korean edition was published by Publications in 2000
Simplified Chinese Translation Copyright © 2022 by Chemical Industry Press Co.,Ltd.
Chinese translation rights arranged with by Wonderland Publishing Co. through AnyCraft-HUB Corp.,Seoul, Korea & Beijing Kareka Consultation Center, Beijing, China.
本书中文简体字版由 Wonderland Publishing Co. 授权化学工业出版社独家发行。
未经许可，不得以任何方式复制或者抄袭本书中的任何部分，违者必究。

北京市版权局著作权合同版权登记号：01-2022-3270

图书在版编目（CIP）数据

溶液颜色变化的秘密 / (韩) 柳珍淑文；(韩) 李尚美绘；祝嘉雯译. —北京：化学工业出版社，2022.6
（科学原理早知道）
ISBN 978-7-122-41004-7

Ⅰ. ①溶… Ⅱ. ①柳… ②李… ③祝… Ⅲ. ①酸碱理论—儿童读物 Ⅳ. ①O611.6-49

中国版本图书馆CIP数据核字（2022）第048202号

责任编辑：张素芳
责任校对：王 静
封面设计：刘丽华
装帧设计：溢思视觉设计 / 程超

出版发行：化学工业出版社
（北京市东城区青年湖南街13号 邮政编码100011）
印 装：北京华联印刷有限公司
889mm×1194mm 1/16 印张2¼ 字数50千字
2023年1月北京第1版第1次印刷

购书咨询：010-64518888
售后服务：010-64518899
网 址：http://www.cip.com.cn
凡购买本书，如有缺损质量问题，本社销售中心负责调换。

定 价：25.00元
版权所有 违者必究